Ankit Kumar
Satish Pal Singh Rajput

EFEITO DO ÂNGULO DA LINGUETA DA VOLUTA NO DESEMPENHO DA BOMBA CENTRÍFUGA

Ankit Kumar
Satish Pal Singh Rajput

EFEITO DO ÂNGULO DA LINGUETA DA VOLUTA NO DESEMPENHO DA BOMBA CENTRÍFUGA

ScienciaScripts

Imprint

Any brand names and product names mentioned in this book are subject to trademark, brand or patent protection and are trademarks or registered trademarks of their respective holders. The use of brand names, product names, common names, trade names, product descriptions etc. even without a particular marking in this work is in no way to be construed to mean that such names may be regarded as unrestricted in respect of trademark and brand protection legislation and could thus be used by anyone.

Cover image: www.ingimage.com

This book is a translation from the original published under ISBN 978-620-8-11717-7.

Publisher:
Sciencia Scripts
is a trademark of
Dodo Books Indian Ocean Ltd. and OmniScriptum S.R.L publishing group

120 High Road, East Finchley, London, N2 9ED, United Kingdom
Str. Armeneasca 28/1, office 1, Chisinau MD-2012, Republic of Moldova, Europe
Printed at: see last page
ISBN: 978-620-8-16119-4

Copyright © Ankit Kumar, Satish Pal Singh Rajput
Copyright © 2024 Dodo Books Indian Ocean Ltd. and OmniScriptum S.R.L publishing group

RESUMO

As bombas centrífugas são uma das partes mais simples de qualquer instalação de processamento. São utilizadas para o transporte de líquidos em distâncias curtas a médias através de condutas com uma altura e descarga moderadas. O desempenho da bomba centrífuga é afetado por alguns parâmetros críticos como o ângulo da lingueta da voluta, a velocidade de rotação e o número de pás. Foi considerado um modelo de bomba com uma velocidade de projeto de 2900 rpm e um impulsor radial com 5 números de pás. O campo de escoamento e as caraterísticas da bomba centrífuga com pás são simulados e previstos pelo ANSYS CFX-16.1 . A simulação é estável e é aplicada uma estrutura de referência móvel para ter em conta a interação entre o impulsor e a voluta. A distribuição da pressão total e as alterações na altura manométrica, bem como a eficiência da bomba, são calculadas e discutidas para diferentes ângulos de inclinação.

ÍNDICE DE CONTEÚDOS

NOMENCLATURA

n	Speed in rpm
Q	Discharge in m3/s
H	Head developed
V	Velocity in m/s
g	Acceleration due to gravity
ω	Angular speed in rad/s
R	Radius of impeller in mm
ρ	Density of water in kg/m3
D	Impeller diameter
T	Input torque
P	Input Power in KW
W	Relative velocity in m/s
v	Del operator
t	time
E	Epsilon operator
a	Flow angle in degree
ƒI	Vane angle in degree
p	Pressure in k-pascals
F	Force in Newton
Re	Reynolds no

CAPÍTULO-1
INTRODUÇÃO

Geral

A bomba é um dispositivo mecânico que converte a energia mecânica retirada de uma fonte externa em energia hidráulica, aumentando o nível de energia do líquido. A bomba pode ser acionada por vários motores primários, como o motor a vapor ou de corrente contínua, o ar comprimido, o motor elétrico, a energia eólica ou das marés. Quase todas as bombas aumentam a energia de pressão do líquido, que é subsequentemente convertida em energia potencial à medida que o líquido é elevado de um nível inferior para um nível superior. A principal função da bomba de água é elevar o nível estático do líquido, mas algumas bombas frequentemente não elevam a água, apenas aumentam a energia do líquido. Por exemplo: bomba de alimentação de caldeiras, bomba de lubrificação forçada, bomba de combate a incêndios, bomba de reforço, etc. As bombas são amplamente utilizadas para sistemas de abastecimento de água, irrigação, drenagem e circulação de água. As bombas de processo para a indústria química, as bombas de óleo para tubagens longas, as bombas reversíveis para sistemas de armazenamento, etc., são outros exemplos da sua utilização. Os requisitos de cada tipo de trabalho são muito diferentes e as bombas para cada tipo de trabalho têm de ser projectadas em conformidade.

Tipos de bombas

Existem vários tipos de bombas, mas as principais categorias são as seguintes.

- Bombas de deslocamento positivo.
- Bombas roto-dinâmicas.

Bombas de deslocamento positivo

Estas bombas funcionam segundo o princípio de induzir mecanicamente o vácuo numa câmara, onde o volume de líquido é aspirado. Estas bombas são de vários tipos.

- Bomba recíproca
- Bomba de tipo rotativo
- Bomba de vapor

▶ Bomba de engrenagem

Bombas roto-dinâmicas

Estas bombas têm um elemento rotativo que faz girar o líquido no invólucro e, deste modo, transmite energia ao líquido. Estes tipos de bombas são os seguintes:

▶ Bomba centrífuga

▶ Bomba de fluxo axial

▶ Bomba de fluxo misto

Seleção de uma bomba

Existem alguns parâmetros para a seleção da bomba:

▶ Pressão e capacidade do líquido a manipular.

▶ Propriedades como a viscosidade, a temperatura, a corrosividade e a rugosidade.

▶ Serviço da bomba.

▶ Velocidade de rotação e potência necessária.

▶ Normalização no que respeita aos tipos e marcas de bombas já disponíveis no local.

Necessidade do projeto

Qualquer problema físico que inclua um capital enorme e que exija uma solução precisa e fiável, como no projeto de energia hidroelétrica, torna-se muito necessário prever o desempenho das diferentes peças e máquinas utilizadas antes de as instalar no terreno. Este trabalho de projeto é também realizado para o mesmo fim. Neste trabalho, o desempenho da bomba centrífuga deve ser determinado através da alteração do ângulo da lingueta da voluta utilizando ANSYS CFX 16.1. Os resultados obtidos na análise numérica serão úteis para o projeto da bomba.

Objetivo e âmbito do trabalho

As bombas centrífugas são os dispositivos mais utilizados. A melhoria da conceção da bomba centrífuga para melhorar o seu desempenho é motivo de grande preocupação e constitui também um vasto campo de investigação. O desempenho da bomba centrífuga pode ser medido experimentalmente, bem como com a ajuda de uma técnica numérica avançada designada por dinâmica de fluidos computacional (CFD). No presente trabalho, o desempenho da bomba centrífuga é analisado através da ferramenta CFD

Apresentação da tese

A tese é apresentada em sete capítulos.

Capítulo 1: trata da introdução das bombas, tipos de bombas, componentes das bombas centrífugas.

Capítulo 2: é uma revisão da literatura onde são discutidos diferentes artigos de revisão relacionados com a conceção e o desempenho da bomba centrífuga e o seu desempenho caraterístico.

Capítulo 3: menciona os aspectos teóricos do projeto da bomba centrífuga, em que é concebido o corpo da voluta.

Capítulo 4: trata dos aspectos teóricos da CFD

Capítulo 5: São apresentados modelos 3D de diferentes partes da bomba centrífuga, tais como impulsores, caixa de voluta e são discutidos os pormenores da malha de vários domínios de escoamento. Além disso, o algoritmo para simulação numérica utilizando o ANSYS CFX 16.0 é descrito na última secção deste capítulo.

Capítulo 6: trata dos resultados obtidos através da simulação da bomba modelada a uma velocidade de rotação e descarga constantes. Os parâmetros de desempenho como a altura manométrica, a eficiência, a potência, etc., são apresentados sob a forma de tabelas e, em seguida, a variação é representada graficamente com a alteração do ângulo da lingueta da voluta.

Capítulo 7: apresenta as conclusões tiradas com base nos resultados acima referidos.

CAPÍTULO 2
REVISÃO DA LITERATURA

Há décadas que se tem trabalhado muito na conceção e desenvolvimento de diferentes bombas. Neste capítulo é apresentada uma breve revisão de alguns dos trabalhos anteriores efectuados:

Zhenmu Chen et al.[1], (2017), A fim de aumentar a eficiência da bomba e aplicar um método de conceção optimizado de uma bomba centrífuga de baixa velocidade específica menos, doze tipos de invólucro de voluta com o mesmo impulsor são concebidos com um ângulo de saída da pá do impulsor de 34 graus. Com cada forma de língua de voluta, há um invólucro de voluta, respetivamente. O efeito destas formas de revestimento da voluta é investigado utilizando a dinâmica de fluidos computacional (CFD). No presente estudo, é analisado o método de conceção óptima em combinação com as variáveis de funcionamento da forma da lingueta da voluta para melhorar o desempenho da bomba. Com base na técnica de conceção de experiências (DOE), são determinados os ensaios experimentais necessários. Os resultados da otimização são apresentados. Os parâmetros escolhidos para uma conceção óptima são o ângulo da lingueta da voluta e a distância entre o impulsor e a lingueta. Os níveis para a especificação paramétrica são escolhidos nas gamas em que a bomba obtém a melhor eficiência. Os resultados demonstram que o projeto convencional não é adequado para uma velocidade específica baixa. Após a otimização da lingueta da voluta, a bomba atinge o melhor desempenho a 10 graus do ângulo da lingueta da voluta com a folga adequada entre o impulsor e a lingueta da voluta. Observa-se que a eficiência da bomba foi melhorada até 75,01%.

Maxime Binamaa et al.[2], (2016) estudaram o fenómeno da cavitação, que é globalmente entendido como a formação de bolhas de vapor no fluxo de fluido a partir de uma queda de pressão abaixo da sua pressão de vapor. Devido à sua natureza rápida e complexa, a deteção da cavitação requer métodos sofisticados; caso contrário, só pode ser notada pelos seus efeitos no equipamento, como ruídos incomuns, vibrações e danos materiais. Em máquinas de fluidos, com base nas condições físicas e de funcionamento do sistema, a cavitação pode surgir sob diferentes formas, as quais, depois de atingirem o seu pleno desenvolvimento, apresentam efeitos quase semelhantes nas caraterísticas do sistema. Nas bombas centrífugas, o desempenho da cavitação depende maioritariamente do desenho geométrico do impulsor, de tal forma que qualquer modificação da geometria pode resultar num desempenho totalmente diferente. Por conseguinte, o processo de projeto requer um controlo mais cuidadoso, de modo a que, através de métodos experimentais e numéricos, o desempenho da bomba centrífuga possa ser bem previsto e a cavitação possa ser reduzida para níveis aceitáveis, se não completamente eliminada.

Raghavendra et al.[3], (2014), O escoamento através de uma bomba centrífuga foi analisado utilizando o pacote comercial CFD ANSYS CFX. A análise CFD foi efectuada em condições de projeto e fora de projeto. Os resultados da simulação foram obtidos a diferentes velocidades de funcionamento com diferentes caudais para o transporte de fluidos. A simulação foi efectuada utilizando a modelação turbulenta k-E. Após a criação da malha do modelo do conjunto da bomba, o software CFD é utilizado para a simulação e o desempenho da bomba. A simulação numérica é verificada para detetar a cavitação na bomba centrífuga e para obter uma gama segura de funcionamento a diferentes caudais e velocidades de funcionamento.

Sr. Parag M. Thete et al.[4], (2014), Os dois principais componentes da bomba centrífuga são o impulsor e a caixa, pelo que devem ser cuidadosamente concebidos para um melhor desempenho da bomba. Para melhorar a eficiência da bomba centrífuga de caudal, a análise da Dinâmica dos Fluidos Computacional (CFD) é uma das ferramentas avançadas utilizadas na indústria das bombas. Foi efectuada uma análise CFD detalhada para prever o padrão de fluxo no interior do impulsor, que é um componente ativo da bomba. A partir dos resultados da análise CFD, a velocidade e a pressão na saída do impulsor são previstas. As análises CFD são efectuadas utilizando o software ANSYS CFX. A análise será efectuada para o impulsor existente e para o impulsor modificado através da alteração do ângulo das pás de entrada e de saída. A cabeça prevista pela análise CFD é 5 a 10 % superior ao resultado do ensaio no ponto nominal. A. Manivanan afirmou que a análise CFD é uma ferramenta eficaz para calcular de forma rápida e económica o efeito dos parâmetros de conceção e de funcionamento da bomba. Se o impulsor da bomba for corretamente concebido, a eficiência da bomba pode ser melhorada.

Sujoy Chakraborty et al.[5], (2012), efectuaram uma investigação numérica de um impulsor de bomba centrífuga com diferentes números de pás. O desempenho de impulsores com o mesmo diâmetro de saída com diferentes números de pás é avaliado exaustivamente. A investigação centra-se principalmente na eficiência da bomba. As bombas centrífugas com impulsores de pás 4, 5, 6, 7, 8, 9, 10, 11 e 12 foram modeladas e a sua eficiência a 2900 rpm, 3300 rpm e 3700 rpm foi avaliada utilizando o código CFD do software comercial Fluent 6.3. A análise numérica mostra que, com o aumento da velocidade de rotação, a altura manométrica e a eficiência da bomba centrífuga aumentam. A altura manométrica também aumenta com o aumento do número de pás, mas a eficiência da bomba centrífuga varia com o número de pás e mostra o máximo para o número 10 de pás. A partir da análise computacional constante, verifica-se que há um aumento da altura total com o aumento da velocidade de rotação das bombas centrífugas com pás do impulsor 4, 5, 6, 7, 8, 9, 10, 11 e 12. Também se verifica que a eficiência da bomba centrífuga aumenta com o aumento da velocidade de rotação. Os impulsores com diferentes números de pás têm todos uma área de baixa pressão óbvia no lado de sucção da entrada da pá. Com o aumento do número de pás, a região de pressão de fluxo de área cresce continuamente. A cabeça da bomba centrífuga cresce constantemente com o aumento do número de pás, mas os regulamentos de mudança de eficiência são um pouco complexos. No entanto, existem valores óptimos do número de pás para cada uma delas. Assim, o número ótimo de pás da bomba centrífuga neste trabalho para a eficiência é 10.

S.Rajendran et al.[6], (2012), Um impulsor de bomba centrífuga é modelado e resolvido utilizando CFD, os padrões de fluxo através da bomba, os resultados de desempenho, a pressão média da área circunferencial do cubo à linha da cobertura, o gráfico de carga da pá, a variação do fluxo da pressão total média da massa e a pressão estática no bordo de ataque e no bordo de fuga da pá para o caudal concebido são apresentados. Perto do bordo de ataque da pá, observam-se baixas pressões e altas velocidades devido à espessura da pá. Perto do bordo de fuga da pá, observa-se uma perda de pressão total devido à presença da esteira do bordo de fuga.

Myung Jin Kim et al.[7], (2012), Neste estudo, para prever com exatidão a cavitação de uma bomba centrífuga, a análise numérica foi comparada com resultados experimentais modelados numa pequena bomba centrífuga industrial. Neste estudo, a análise numérica foi comparada com resultados experimentais modelados numa pequena bomba centrífuga industrial para uma previsão fiável da cavitação de uma bomba centrífuga. Para melhorar a validade da análise numérica, foi efectuada uma análise transiente no domínio calculado de uma geometria de tipo completo, tal como um aparelho experimental. A análise numérica dos resultados foi considerada como uma previsão fiável da cavitação. Os resultados numéricos obtidos com estes métodos são semelhantes à curva de desempenho da cavitação da experiência e a fiabilidade da previsão da cavitação para a análise numérica foi validada. Além disso, utilizando a diferença entre a experiência e a análise numérica na correção da análise numérica, a média de mais de 10% de precisão pode ser melhorada no coeficiente de cavitação que detecta a ocorrência de cavitação e no coeficiente de cavitação que apresenta o estabelecimento da cavitação.

Bin Chen et al.[8], (2011), adoptaram um método numérico para investigar os principais parâmetros geométricos da voluta, incluindo a área da garganta da voluta, a forma da secção transversal da voluta, a regra de conceção da área de desenvolvimento da espiral e a folga radial entre o impulsor e a língua da voluta para o desempenho da bomba. Foi desenvolvido um método de conceção da voluta de uma bomba de alta eficiência através da influência dos principais parâmetros geométricos da voluta no desempenho da bomba.

John S. Anagnostopoulos[9],(2008) desenvolveu uma metodologia numérica para simular o escoamento turbulento no impulsor de uma bomba centrífuga 2-D e para calcular as curvas de desempenho caraterísticas de toda a bomba. O domínio do escoamento foi discretizado com uma malha cartesiana polar e as equações RANS foram resolvidas com a abordagem de volume de controlo e o modelo de turbulência k-Ɛ. A regulação de vários coeficientes de perda de energia envolvidos no modelo da bomba foi efectuada para uma bomba comercial para a qual existiam medições disponíveis. Os resultados verificaram que o processo de otimização pode convergir muito rapidamente e para valores óptimos razoáveis.

Khin Cho Thin et al.[10], (2008) analisaram uma bomba centrífuga de sucção final de estágio único. Uma bomba centrífuga de 1 h.p. foi projectada e analisada para obter o melhor ponto de desempenho. A altura da bomba era de 10 m e o caudal de 0,179 m^3 /s a 2900 rpm. A velocidade específica da bomba era de 100. O impulsor tinha 9 pás. As perdas por choque, as perdas por fricção do impulsor, as perdas por fricção da voluta, as perdas por fricção do disco e as perdas por recirculação da bomba centrífuga foram consideradas na análise do desempenho da bomba centrífuga.

P. Usha sri, C. Syamsundar[11], (2008) simularam o impulsor da bomba centrífuga com vários coeficientes de caudal 0,0146, 0,0346, 0,0546, 0,0746 e 0,0946. A solução numérica foi efectuada com o pacote CFD ANSYS CFX. Para cada coeficiente de vazão, foram apresentados resultados de desempenho, vectores de velocidade absoluta, pressão total e pressão estática, variação de pressão nas pás, contornos de pressão estática e gráficos de carga nas pás.

Michalis et al.[12]. (2004) efectuaram a simulação numérica da interação impulsor-voluta numa bomba centrífuga com uma velocidade específica de 22,86 e 6 números de pás. A bomba centrífuga é constituída por pás curvadas para trás que são construídas dentro de uma voluta de língua única sem palhetas. Para a simulação numérica, as equações viscosas de Navier-Stokes são usadas com o modelo de turbulência k-ε. A velocidade de rotação de 1450 rpm foi utilizada para a simulação. A esta velocidade de rotação, foram especificadas diferentes taxas de fluxo na fronteira de entrada para estudar os padrões de fluxo de projeto e fora do projeto. Observa-se que a pressão aumenta gradualmente na direção do fluxo e que a pressão é mais elevada na superfície de pressão do que na superfície de sucção da pá. A pressão máxima de saída é atingida à entrada da porção de saída do tubo ligado.

CAPÍTULO-3
TEORIA DA BOMBA CENTRÍFUGA

Bomba centrífuga

A bomba centrífuga aumenta a pressão transferindo energia mecânica do motor para o fluido através do impulsor rotativo. O fluido flui desde a entrada até ao centro do impulsor e sai ao longo das suas pás. A força centrífuga aumenta a velocidade do fluido e, consequentemente, também a energia cinética é transformada em pressão. A bomba centrífuga é o tipo de bomba mais utilizado no mundo. As bombas centrífugas são amplamente utilizadas para bombear líquidos e têm alto rendimento e alta eficiência.

Vantagens da bomba centrífuga

- O custo inicial e o custo de manutenção são comparativamente baixos.
- O tamanho da bomba centrífuga é compacto e pode ser instalado num espaço limitado.
- Não é necessária mão de obra altamente qualificada para operar a bomba.
- A descarga obtida é estável e não pulsante.
- São bastante duradouros e seguros contra a alta pressão.

Desvantagens da bomba centrífuga

- Estas bombas necessitam de escorvamento.
- Estas bombas não podiam arrancar com a válvula de descarga aberta, de modo a evitar sobrecargas, nem a válvula de descarga podia ser mantida fechada durante mais tempo após o arranque da bomba.
- O tubo de descarga deve ser equipado com uma válvula de retenção para evitar o refluxo.
- Estas bombas têm um baixo rendimento a uma altura elevada.

Partes da bomba centrífuga

Apresentamos de seguida as diferentes partes da bomba centrífuga:

- Impulsor
- Invólucro

▶ Tubo de aspiração com válvula de pé e filtro

▶ Tubo de distribuição

▶ **Impulsor:** As pás do impulsor rotativo transferem energia para o fluido, aumentando a pressão e a velocidade. O fluido é aspirado para dentro do impulsor no olho do impulsor e flui através dos canais do impulsor formados pelas pás entre a cobertura e o cubo. A conceção do impulsor depende dos requisitos de pressão, caudal e aplicação. O impulsor é o principal componente que determina o desempenho da bomba. As variantes das bombas são frequentemente criadas apenas através da modificação do impulsor.

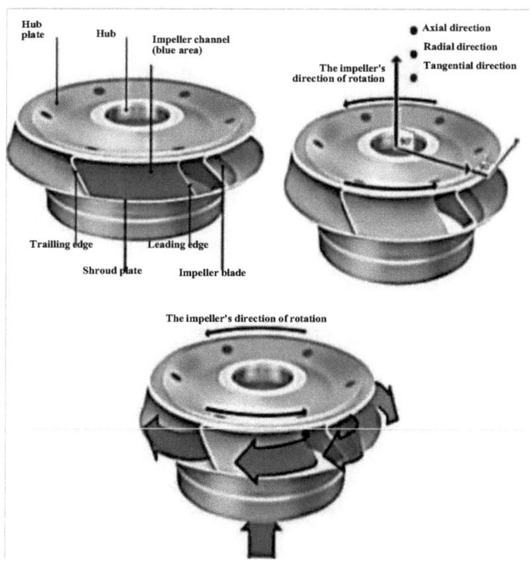

Figura 3. 1 Componentes do impulsor e direção do fluxo

▶ **Invólucro da voluta:** O invólucro da voluta é constituído por três componentes principais: Difusor anelar, voluta e difusor de saída. Em cada um dos três componentes ocorre uma conversão de energia entre velocidade e pressão. A principal função do anel difusor é guiar o fluido do impulsor para a voluta. A área da secção transversal do anel difusor aumenta devido ao aumento do diâmetro do impulsor para a voluta. Podem ser colocadas lâminas no anel difusor para aumentar a difusão. A principal tarefa da voluta é recolher o fluido do anel difusor e conduzi-lo para o difusor. Para obter a mesma pressão ao longo da voluta, a área da secção transversal da voluta deve ser aumentada ao longo da periferia, desde a língua até à garganta. A garganta é o local no exterior da lingueta onde se encontra a menor área de secção transversal no difusor de saída. O invólucro da voluta é concebido de modo a converter a pressão dinâmica em pressão estática, minimizando as perdas de pressão. A maior eficiência é obtida encontrando o equilíbrio correto entre as alterações de velocidade e o atrito da parede. Ao projetar o corpo helicoidal, a atenção centra-se nos seguintes parâmetros: O diâmetro da voluta, a geometria da secção transversal da voluta, a conceção da lingueta, a área da garganta e o posicionamento radial, bem como o comprimento, a largura e a curvatura do difusor.

▶ **Tubo de sucção com válvula de pé e um filtro:** O tubo de sucção é o tubo cuja uma extremidade está ligada à entrada da bomba e a outra extremidade está submersa na água num poço, que é conhecido como bomba de sucção. Na extremidade inferior da tubagem de aspiração está instalada uma válvula de pé, que é do tipo unidirecional. A válvula de pé abre apenas na direção ascendente. Na extremidade inferior do tubo de sucção é também instalado um filtro.

▶ **Tubo de distribuição:** Um tubo cuja uma extremidade está ligada à saída da caixa da bomba e a outra extremidade fornece a água a uma altura necessária é conhecido como tubo de distribuição.

Princípio de funcionamento da bomba centrífuga

A bomba centrífuga funciona com base no princípio do fluxo de vórtice de força, o que significa que quando uma certa massa de líquido é rodada por um binário externo, ocorre o aumento da pressão de cabeça do líquido em rotação. Este aumento da pressão em qualquer ponto do líquido em rotação é proporcional ao quadrado da velocidade tangencial do líquido nesse ponto, que é a mesma altura através da qual qualquer partícula cai livremente sob a ação da gravidade para atingir a mesma velocidade a partir do repouso.

$V= (2gH)^{1/2}$ ou $H= V^2 /2g$ (3.1)

Assim, se a velocidade da água numa bomba for V, a bomba pode, teoricamente, bombear contra uma altura manométrica de $V^2 /2g$.mas ,$V= (\omega^2 .r^2)/2g$ (3.2)

Assim, na saída do impulsor, onde o raio é maior, o aumento da cabeça de pressão será maior e o líquido será descarregado na saída com uma cabeça de pressão elevada. Devido a esta cabeça de pressão elevada, o líquido pode ser elevado a um nível elevado.

Caraterísticas de desempenho das bombas

As caraterísticas de desempenho da bomba são analisadas primeiro independentemente do resto do sistema hidráulico e depois como parte do sistema. Ambos os conjuntos de dados são valiosos para o projetista. A análise da bomba por si só dá uma indicação das suas capacidades e desempenho com base na velocidade de rotação, geometria interna, factores de custo, etc., enquanto a análise do desempenho da bomba no sistema determina essencialmente a compatibilidade do sistema de bombas. No primeiro caso, o projetista do sistema pode observar as curvas de desempenho para ver se uma bomba específica tem a pressão e o caudal volumétrico para operar um determinado conjunto de actuadores. Num segundo caso, o projetista do sistema pode calcular as caraterísticas de ruído, vibração, cavitação e fluxo de uma bomba específica antes ou depois da instalação para determinar se a bomba e o sistema existente são compatíveis.

Existem quatro tipos de curvas caraterísticas das bombas centrífugas:

- Curva caraterística principal
- Curva caraterística de funcionamento
- Curva de eficiência constante
- Curva de altura constante e descarga constante

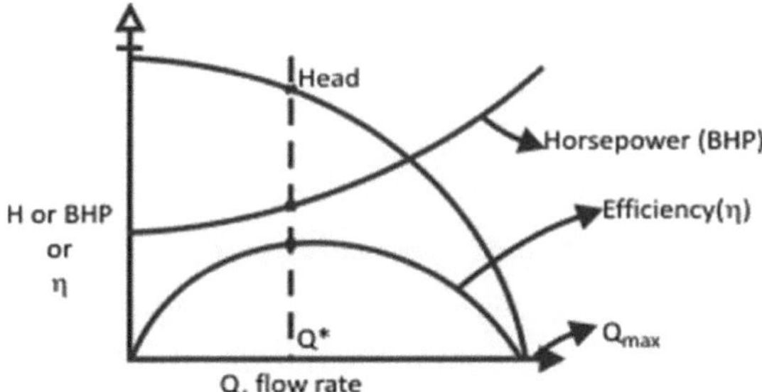

Figura 3. 2: Curva da altura, potência e eficiência em função do caudal

Parâmetros críticos do impulsor que afectam o desempenho da bomba centrífuga

- **Largura do impulsor à saída:** quando o valor da largura do impulsor à saída aumenta, o valor da altura manométrica da bomba diminui devido à queda de pressão.
- **Diâmetro do impulsor à saída:** À medida que o diâmetro do impulsor à saída aumenta, a altura manométrica da bomba aumenta, porque à medida que o diâmetro de saída do impulsor aumenta, a queda de pressão estática no impulsor diminui.
- **Altura da pá do impulsor à saída:** À medida que a altura da pá à saída aumenta, a altura da bomba aumenta. Isto deve-se ao facto de, quando a descarga através da bomba é mantida constante, a velocidade meridional diminuir à medida que a altura da pá aumenta.
- **Ângulo da pá à saída:** Para um fluido viscoso, as perdas hidráulicas totais no impulsor e na voluta aumentam com o aumento do ângulo da pá à saída. A altura manométrica aumenta com o aumento do ângulo de descarga. Quanto maior for a viscosidade do óleo, a eficiência é elevada.

CAPÍTULO-4
DINÂMICA DE FLUIDOS COMPUTACIONAL

Introdução

Trata-se de uma metodologia para obter uma solução discreta de problemas de escoamento de fluidos no mundo real. A solução é obtida num conjunto finito de pontos espaciais e em níveis temporais discretos. Para obter uma solução razoavelmente exacta, o número de pontos espaciais que é necessário envolver é da ordem de alguns milhões. A solução só é possível através de computadores modernos de alta velocidade. A dinâmica dos fluidos tem aplicações numa vasta gama de domínios científicos e de engenharia.

Dinâmica de fluidos computacional

Em CFD, os métodos de diferenças finitas (FDM) e os métodos de elementos finitos (FEM), que são as ferramentas básicas utilizadas na solução de equações diferenciais parciais em geral e em CFD em particular, têm origens diferentes. O software CFD é capaz de simular o escoamento de fluidos tendo em conta todos os outros factores, como o fluxo de calor, a mudança de fase, a transferência de massa, o movimento mecânico, a reação química, as tensões e os deslocamentos dos sólidos imersos ou circundantes e, com base no resultado da simulação, é capaz de prever os resultados prováveis do escoamento do fluido.

Equações de controlo da CFD

Existem três equações fundamentais que regem o aspeto físico do escoamento de fluidos:

▶ **Equação da continuidade:** Esta equação do escoamento segue a lei da conservação da massa. Quando a massa do fluido em escoamento permanece constante em relação ao tempo, é designada por equação da continuidade.

$$\frac{D\rho}{Dt} + \rho(\nabla . V) = 0 \quad \text{(Non conservative form)}$$

▶ **Equação do momento:** Esta equação diz respeito à segunda lei do movimento de Newton ou lei do momento. Esta equação fornece a informação de várias forças que actuam no campo de fluxo em diferentes direcções.

▶ **Equação de energia:** A expressão matemática da equação da energia baseia-se na lei da conservação da energia. E este princípio fundamental acima mencionado não é mais do que a primeira lei da termodinâmica.

Discretização de equações diferenciais

Quando as equações diferenciais parciais governantes são obtidas, o passo seguinte é a discretização da equação, por exemplo, decompondo a equação contínua numa forma discreta. A discretização é um método de aproximação das equações diferenciais por um conjunto de equações algébricas para as variáveis associadas a um conjunto de localizações discretas no espaço e no tempo. Existem três métodos de discretização, que são os seguintes

Método das diferenças finitas

As soluções analíticas de equações differenciais parciais fornecem-nos expressões de forma fechada que descrevem a variação das variáveis dependentes no domínio. As soluções numéricas, baseadas em diferenças finitas, fornecem-nos os valores em pontos discretos do domínio que são conhecidos como pontos de grelha. Nalgumas classes de problemas, os cálculos numéricos são realizados num plano computacional transformado que tem um espaçamento uniforme nas variáveis independentes transformadas, mas um espaçamento não uniforme no plano físico. Considere-se a Fig. 4.1, que mostra um domínio de cálculo no plano x - y. Assumamos que o espaçamento dos pontos da grelha na direção x é uniforme, e dado por Δx. Da mesma forma, o espaçamento dos pontos na direção y é também uniforme, e dado por Δy. Não é necessário que Δx ou Δy sejam uniformes. Podemos imaginar espaçamentos desiguais em ambas as direcções, em que são utilizados valores diferentes de Δx entre cada par sucessivo de pontos de grelha. O mesmo se poderia presumir para Δy. Os pontos de grelha são identificados por um índice i que aumenta na direção x positiva, e um índice j, que aumenta na direção y positiva. Se (I, j) é o índice do ponto P na Fig. 2.2, então o ponto imediatamente à direita é designado por (i+1,j) e o ponto imediatamente à esquerda por (i-1,j). Do mesmo modo, o ponto imediatamente acima é (i,j+1) e o ponto imediatamente abaixo é (i,j-1). A filosofia básica dos métodos de differência finita é substituir as derivadas das equações governantes por quocientes de differência algébricos. Isso resultará em um sistema de equações algébricas que podem ser resolvidas para as variáveis dependentes nos pontos discretos da grade no campo de fluxo.

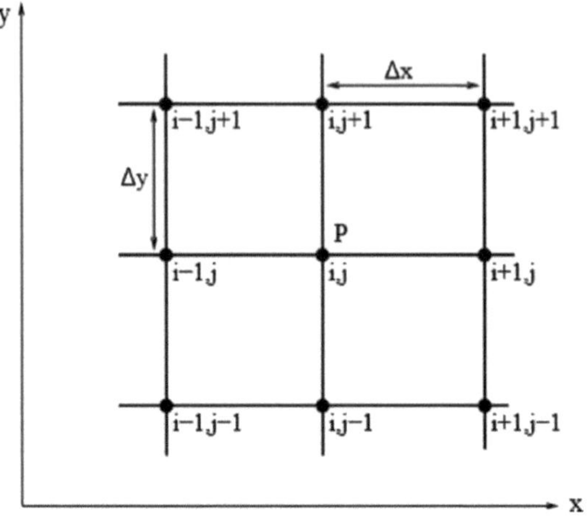

Figura 4. 1 Discretização dos nós

Método dos volumes finitos

O Método dos Volumes Finitos é uma técnica numérica que transforma as equações diferenciais parciais que representam leis de conservação sobre volumes diferenciais em equações algébricas discretas sobre volumes finitos (ou elementos ou células). De forma semelhante ao método das diferenças finitas ou dos elementos finitos, o primeiro passo no processo de solução é a discretização do domínio geométrico, que, no MVF, é discretizado em elementos não sobrepostos ou volumes finitos. As equações diferenciais parciais são então discretizadas em equações algébricas, integrando-as em cada elemento discreto. O sistema de equações algébricas é então resolvido para calcular os valores da variável dependente para cada um dos elementos. Estas caraterísticas tornaram o Método dos Volumes Finitos bastante adequado para a simulação numérica de uma variedade de aplicações que envolvem o escoamento de fluidos e a transferência de calor e massa, e os desenvolvimentos no método têm estado intimamente ligados aos avanços em CFD. De um potencial limitado no início, confinado à resolução de física e geometria simples em grelhas estruturadas, o MVF é agora capaz de lidar com todos os tipos de física e aplicações complexas.

Método dos elementos finitos

Numa técnica de elementos finitos, as equações nodais para as variáveis de campo são obtidas através de uma formulação integral, que pode ser estabelecida através de um princípio variacional (se existir), ou através da abordagem residual ponderada de Galekin.

Modelo de turbulência

A turbulência é composta por turbilhões de diferentes tamanhos, possuindo cada um deles uma certa quantidade de energia que depende da sua dimensão. Os redemoinhos maiores rompem-se, transferindo a sua energia para redemoinhos mais pequenos, num processo em cadeia pelo qual os redemoinhos mais pequenos recém-formados sofrem processos de rutura semelhantes e transferem a sua energia para redemoinhos ainda mais pequenos. O fluxo turbulento produz interação entre fluidos a uma grande variedade de escalas de comprimento. Estes modelos são agrupados em quatro categorias principais.

- Modelos algébricos (equação zero)
- Modelos de uma equação
- Modelos de duas equações
- Modelos de fecho de segunda ordem

Modelo k-E

Na derivação do modelo k - ε padrão, assume-se que o escoamento é totalmente turbulento e que os efeitos da viscosidade molecular são negligenciáveis. Por conseguinte, o modelo padrão k - é um modelo de turbulência com um número de Reynolds elevado, válido apenas para escoamentos de cisalhamento livre totalmente turbulentos que não podem ser integrados até à parede. A primeira variável transportada (k) determina a energia na turbulência e a segunda variável transportada, neste caso (ε), determina a escala da turbulência.

Modelo k-ω

Outra classe de modelos, para os quais a equação para ε é substituída por uma equação para ω, onde ω é a taxa na qual a energia cinética da turbulência é convertida em energia térmica interna por unidade de volume e tempo, é mais capaz de prever escoamentos separados. As vantagens da substituição da equação ε pela equação ω são as seguintes:

- Pode ser integrado através da subcamada sem necessidade de funções de amortecimento adicionais.
- O seu desempenho é melhor para caudais com um gradiente de pressão adverso fraco.
- É mais fácil de integrar (mais robusto).

Vantagens do CFD

▶ Melhores pormenores

▶ Melhor previsão: Num curto espaço de tempo.

▶ Conceber melhor e mais rapidamente, de forma económica, cumprir os regulamentos ambientais e garantir a conformidade da indústria.

▶ A análise CFD conduz a ciclos de conceção mais curtos e os seus produtos chegam ao mercado mais rapidamente.

▶ Além disso, as melhorias do equipamento são construídas e instaladas com um tempo de inatividade mínimo.

▶ A CFD é uma ferramenta que permite comprimir o ciclo de conceção e desenvolvimento, possibilitando a criação rápida de protótipos.

Software CFX

Neste caso, o ANSYS CFX 16.1 foi utilizado para a análise. Trata-se de um código de dinâmica de fluidos computacional de uso geral, que combina um solucionador avançado com poderosas capacidades de pré e pós-processamento. A próxima geração permite a importação de múltiplas malhas. O CFX inclui as seguintes caraterísticas:

▶ Um solucionador acoplado avançado que é fiável e robusto.

▶ Integração total da definição do problema, da análise e da preparação dos resultados.

O CFX é capaz de modelar os seguintes tipos de condições de escoamento:

▶ Escoamento em estado estacionário e transiente

▶ Escoamento laminar e turbulento

▶ Escoamento subsónico, transónico e supersónico

▶ Transferência de calor e radiação térmica

▶ Flutuabilidade

▶ Fluido não-Newtoniano

▶ Fluxos múltiplos

▶ Combustão

▶ Seguimento de partículas

CAPÍTULO-5

CRIAÇÃO DE GEOMETRIA

No presente trabalho, a bomba centrífuga, cinco geometrias são criadas com a ajuda do VISTA CPD no ANSYS workbench. A bomba centrífuga é do tipo radial. Assim, a componente da velocidade de turbilhonamento na entrada é zero. Uma vez que apenas o ângulo da lingueta varia, não há alteração dos parâmetros de conceção do impulsor nas quatro geometrias seguintes.

Dados de projeto

- ▶ Tipo de bomba = Bomba centrífuga radial
- ▶ Diâmetro de entrada do impulsor = 77,3 mm
- ▶ Diâmetro de saída do impulsor = 165,3 mm
- ▶ Número de lâminas = 5
- ▶ Velocidade = 2900 RPM
- ▶ Caudal mássico = 50 m /h^3
- ▶ Ângulo da lâmina de saída = 33 graus
- ▶ diâmetro de entrada da voluta = 180 mm

O modelo 3D da pá, do impulsor e da geometria completa com a caixa da voluta é dado como

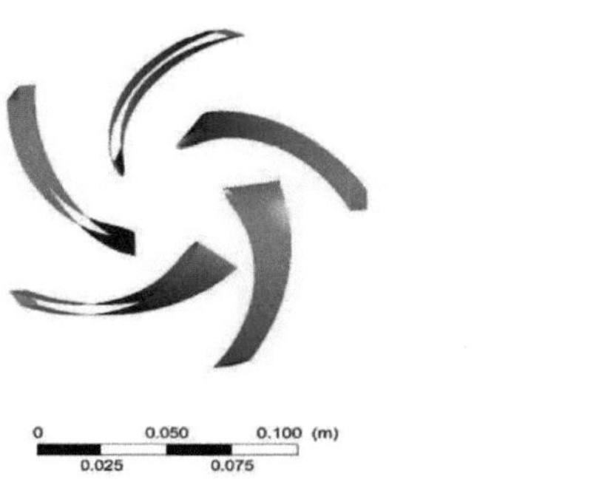

Figura 5. 2 Modelo 3D das pás do impulsor

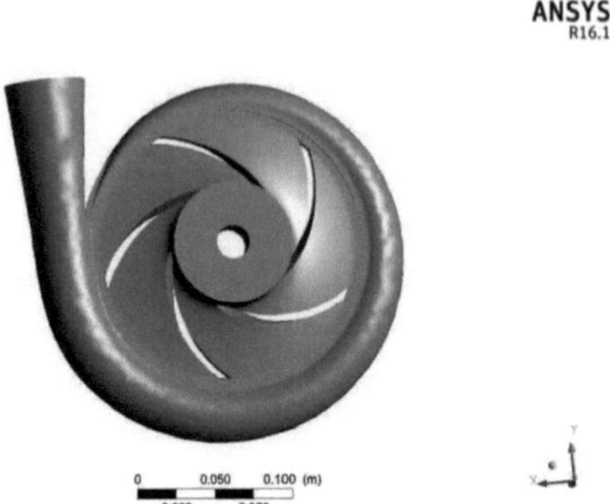

Figura 5. 3 geometria completa com caixa de voluta

Geração de malha

Em CFD, o espaço de escoamento contínuo 2D e 3D é discretizado em pequenos elementos e este processo é designado por geração de malha. O espaço dos elementos pode ser triangular ou quadrilateral em superfícies 2D, mas tetraédrico e hexaédrico no domínio 3D. A forma e o tamanho dos elementos dependem da forma da geometria do domínio do escoamento e da potência computacional e do domínio. A geometria está dividida em dois domínios. Em todos os domínios, os elementos triangulares não estruturados são utilizados para todas as superfícies 2D e os elementos tetraédricos são utilizados para o domínio do escoamento 3D para a geração da malha

Malha do impulsor

O domínio do impulsor consiste num corpo sólido de pás e espaço de fluxo que é rodeado por duas superfícies de cobertura e cubo.

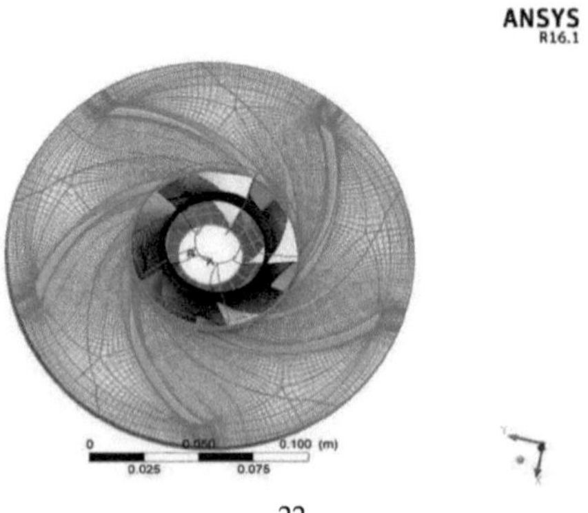

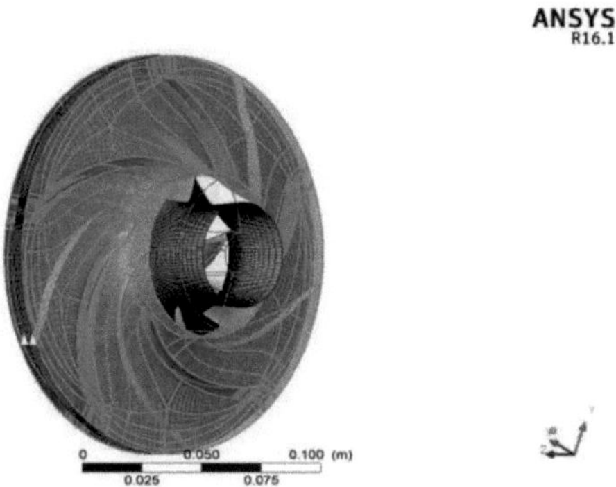

Figura 5. 4 Malha do impulsor com 5 pás

Malha do invólucro da voluta

O domínio é constituído por uma passagem de escoamento em espiral rodeada por uma parede impermeável com duas superfícies de entrada e de saída. Uma vez que aqui o ângulo da lingueta muda, a geometria da voluta também muda e, por conseguinte, o número de nós e o número de elementos mudam para cada invólucro da voluta. A malha de cada voluta é apresentada na figura 5.3

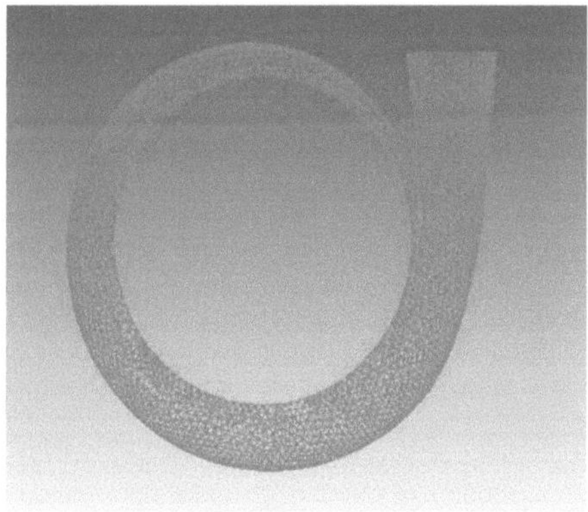

Figura 5. Malha de 5 volutas, ângulo de inclinação 5^0

Figura 5. 6 Malha da voluta, ângulo da lingueta 10^0

Figura 5. 7 Malha da voluta, ângulo da lingueta 15^0

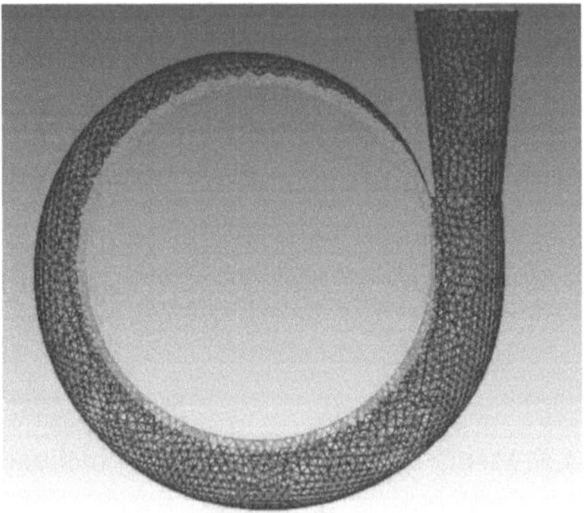

Figura 5. 8 Malha da voluta, ângulo 20^0

Pormenores da malha de diferentes volutas

Ângulo da língua (em graus)	N.º de nós	Número de elementos
5	14450	81594
10	14302	80702
15	14222	80314
20	14140	79842

Tabela-5.1 Pormenores da malha das volutas

Algoritmo computacional para simulação de fluxo

A análise 3D do escoamento turbulento no espaço de uma bomba centrífuga de fluxo radial é efectuada utilizando o ANSYS CFX 16.1. A simulação numérica é efectuada alterando o ângulo da lingueta do corpo da voluta. Aqui os ângulos da lingueta variam de 5° a 25°. A simulação numérica completa do escoamento por CFD é dividida em três etapas principais: pré-processador, solucionador e pós-processador.

Pré-processamento

▶ O espaço de escoamento da bomba é criado pela fusão das duas malhas do impulsor e do corpo da voluta.

▶ São criados dois domínios R1 e S1.

▶ É utilizado um fluido de trabalho não flutuante, a água, em que a pressão de referência é fixada em 1 atm.

▶ O impulsor é definido como um componente rotativo enquanto a voluta é definida como um componente estacionário.

▶ A rotação em torno do eixo z é de 2900 rpm.

▶ A condição de fronteira de entrada é dada à entrada R1, enquanto a condição de fronteira de saída é dada à saída S1.

▶ A interface é feita entre a saída do impulsor e a entrada do corpo da voluta.

▶ As paredes dos domínios altos são consideradas lisas e não se assume qualquer deslizamento.

▶ é aplicado o modelo k-ω.

Solucionador

A solução numérica da equação RANS é obtida utilizando o FVM no ANSYS CFX 16.1. Aqui são utilizadas 500 iterações para obter uma resolução elevada. O critério de convergência é adotado para terminar o cálculo.

Pós-processamento

Este é o último passo do CFX e os resultados são abertos no pós-processador. O gráfico de distribuição de pressão e velocidade é obtido usando funções pré-definidas. O valor da pressão de entrada e de saída é obtido a partir do ficheiro .res. Com a ajuda da pressão de entrada e de saída, bem como do binário, obtém-se a cabeça desenvolvida e a eficiência.

CAPÍTULO-6

RESULTADOS E DEBATES

Geral

No ANSYS CFX 16.1, com a ajuda deste software, obtém-se a distribuição da pressão e da linha de fluxo para cinco geometrias, sendo que em cada geometria o valor do ângulo da língua é alterado. A condição de fronteira de entrada é definida como uma pressão de 1 atm, enquanto a condição de fronteira de saída é um caudal mássico de 13,88 kg/s.

Simulação para geometria com ângulo de língua de 5 graus

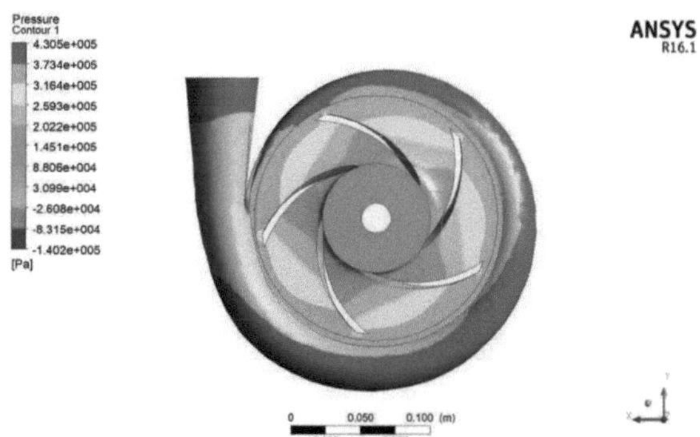

Figura 6. 1 Contorno da pressão para um ângulo de 5 graus da língua

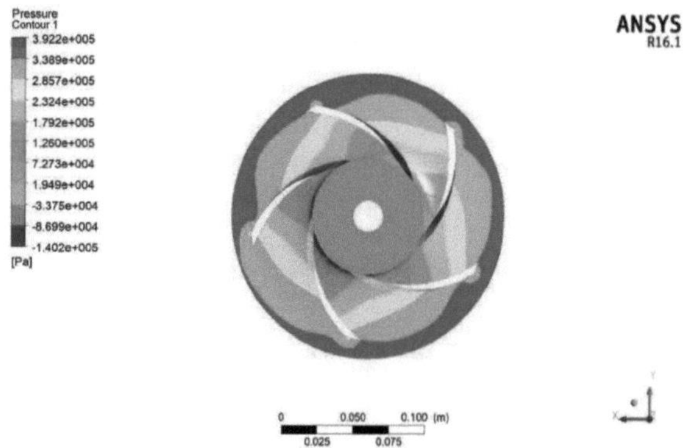

Figura 6. 2 Contorno da pressão para o impulsor com um ângulo de 5 graus da lingueta

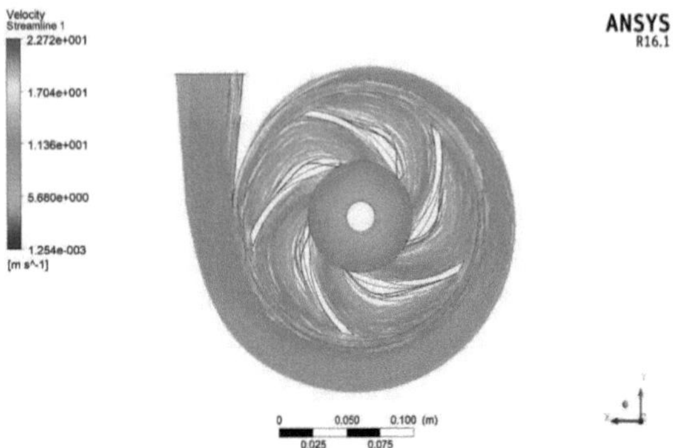

Figura 6. 3 Linhas de fluxo de velocidade para um ângulo de língua de 5 graus

Simulação para geometria com ângulo de língua de 10 graus

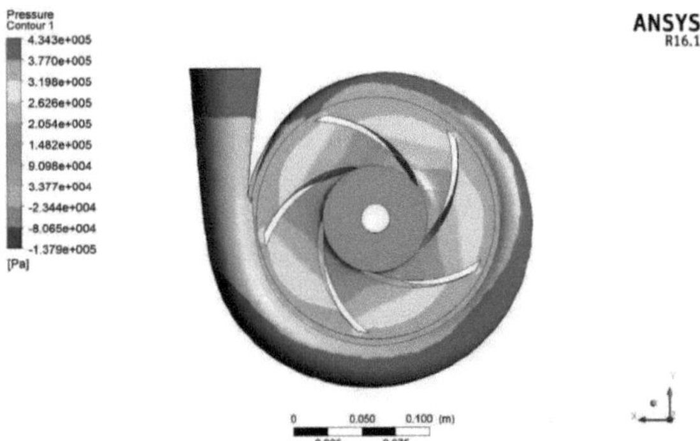

Figura 6. 4 Contorno da pressão para um ângulo de língua de 10 graus

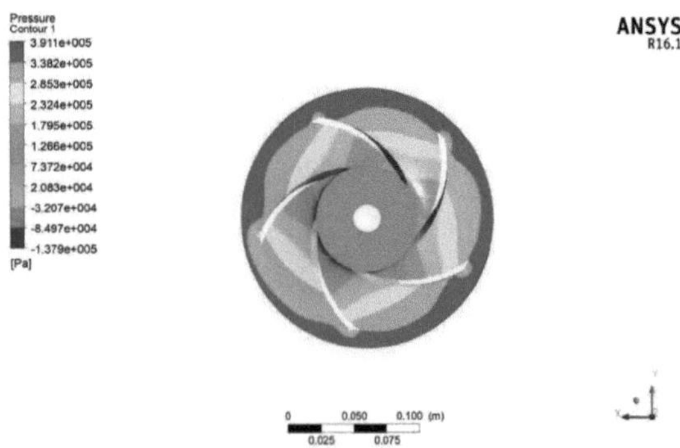

Figura 6. 5 Contorno da pressão para o impulsor com um ângulo de língua de 10 graus

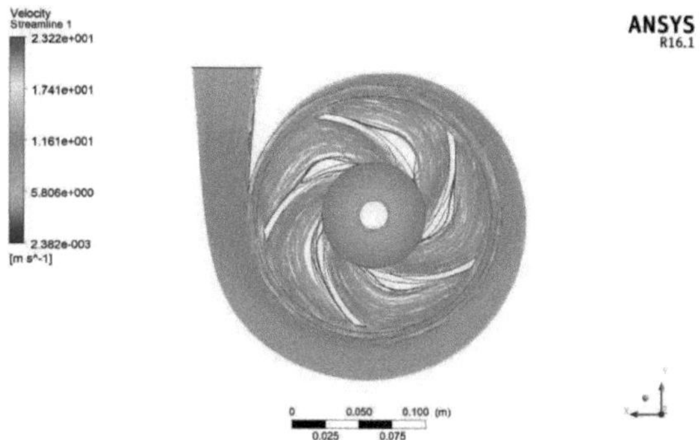

Figura 6. 6 Linhas de fluxo de velocidade para um ângulo de língua de 10 graus

Simulação para geometria com ângulo de língua de 15 graus

Figura 6. 7 Contorno da pressão para um ângulo de 15 graus da língua

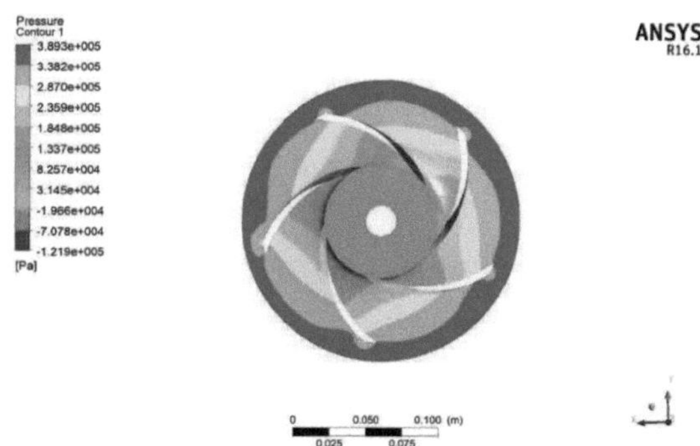

Figura 6. 8 Contorno da pressão para o impulsor com um ângulo de 15 graus da lingueta

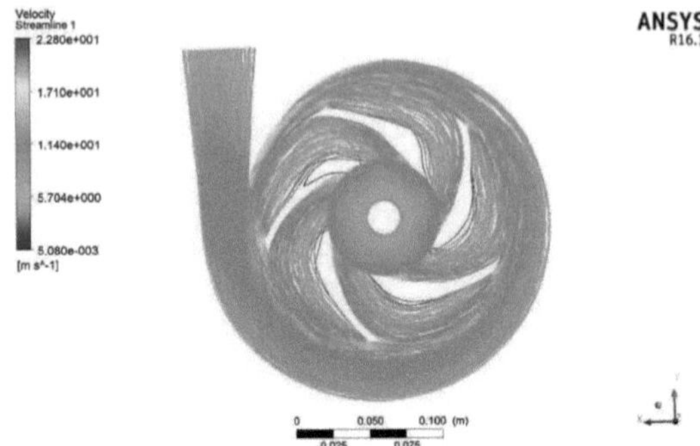

Figura 6. 9 Linhas de fluxo de velocidade para o ângulo de 15 graus da língua

Simulação para geometria com ângulo de língua de 20 graus

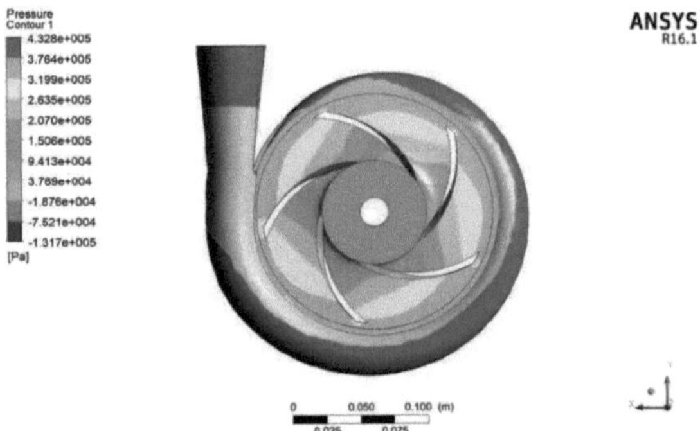

Figura 6. 10 Contorno da pressão para um ângulo de 20 graus da língua

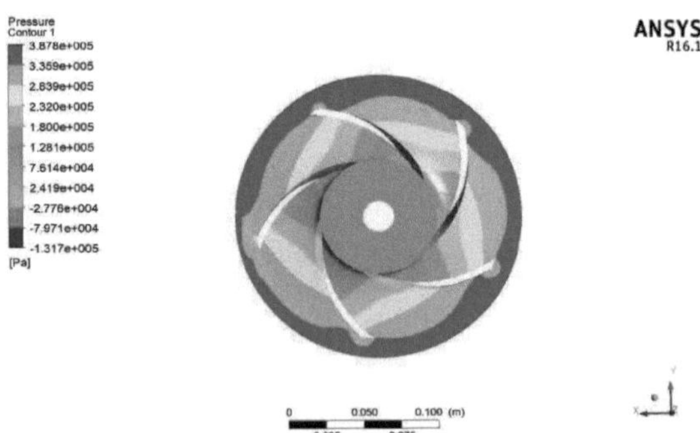

Figura 6. 11 Contorno da pressão para o impulsor com um ângulo de 20 graus da lingueta

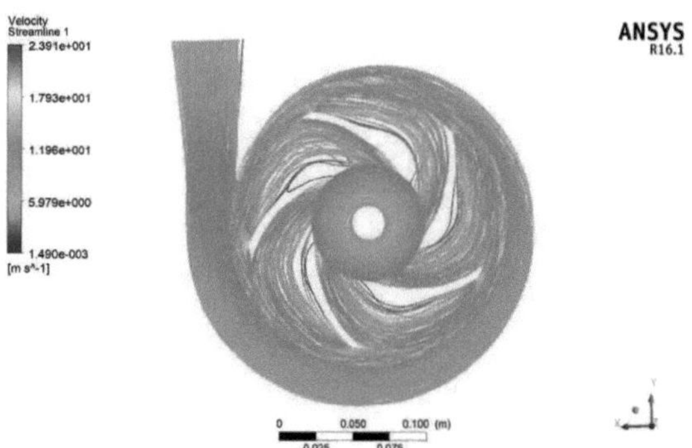

Figura 6. 12 Linhas de fluxo de velocidade para um ângulo de língua de 20 graus

Simulação para geometria com ângulo de língua de 25 graus

Figura 6. 13 Contorno da pressão para um ângulo de 25 graus da língua

Das figuras 6.1, 6.4, 6.7, 6.10 e 6.13 depreende-se que o valor da pressão à saída da bomba é máximo para o ângulo de 15 graus da lingueta. A velocidade de rotação da bomba é de 2900 rpm para todas as cinco geometrias e o caudal mássico é de 13,88 kg/s. O valor da pressão de saída para o ângulo de 15 graus da lingueta é de 443 kpa, que é máximo em todos os casos. As figuras acima mostram o contorno da pressão obtido por simulação para uma determinada entrada e a variação da pressão da condição de fronteira para todas as geometrias.

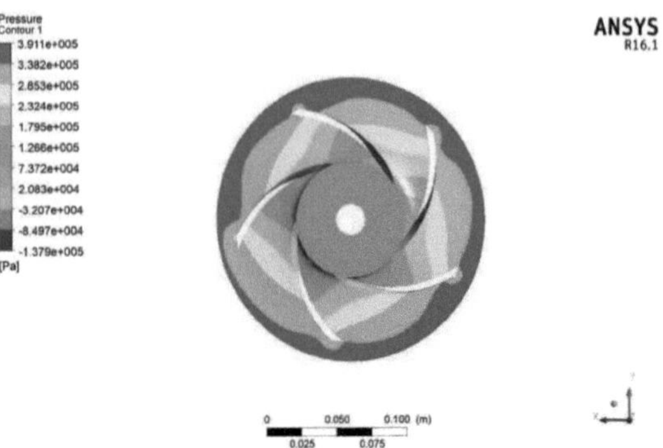

Figura 6. 14 Contorno da pressão para o impulsor com um ângulo de 25 graus da lingueta

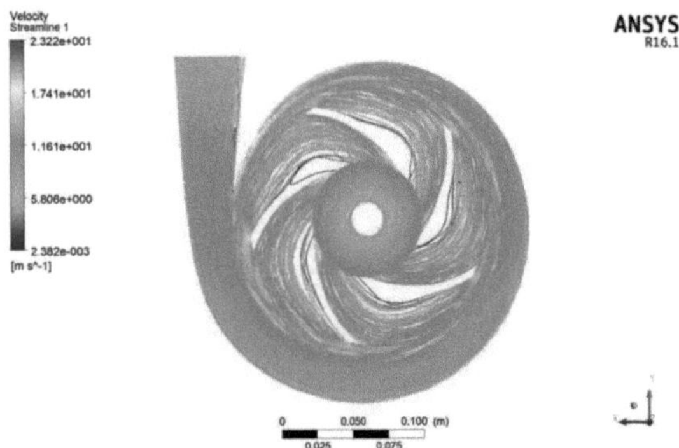

Figura 6. 15 Linhas de fluxo de velocidade para um ângulo de língua de 25 graus

Variação da eficiência, do binário de entrada e da cabeça gerada com o ângulo da lingueta da caixa

A descarga de entrada para todas as geometrias é de 13,88 kg/s. Assim, em cada geometria, o ângulo de inclinação da bomba centrífuga muda e verifica-se que, para cada geometria, a pressão de entrada e de saída também muda.

Quadro 6.1 Resultados obtidos por simulação

Ângulo da língua em graus	Pressão à entrada (kpa)	Pressão à saída (kpa)	Cabeça do impulsor (metros)	Eficiência (%)	Binário de entrada (N-m)
5	100.998	413.772	31.8538	91.3035	85.4932
10	101.086	416.593	32.1465	92.1465	85.4692
15	100.998	428.145	33.3190	93.0807	80.7172
20	101.085	418.407	32.3230	92.5395	85.0985
25	101.085	417.096	32.1381	92.1465	85.4692

Representação gráfica dos resultados

A variação da cabeça, do binário de entrada ou da potência e da eficiência em função do ângulo da lingueta é apresentada na fig. 6.16, fig. 6.17 e fig. 6.18:

A partir dos resultados da simulação, são apresentados alguns gráficos:

- ▶ Ângulo da cabeça em relação à língua
- ▶ Eficiência Vs ângulo da língua
- ▶ Binário de entrada Vs Ângulo da língua

Variação da cabeça com o ângulo da língua

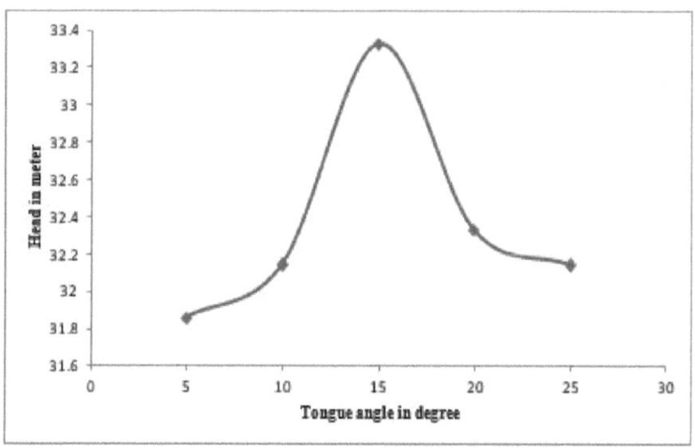

Figura 6. 16 Variação da cabeça com o ângulo da língua

A figura 6.16 mostra claramente que, quando o valor do ângulo da língua da voluta aumenta, o valor da cabeça do impulsor também aumenta, mas verifica-se que, após o ângulo da língua da voluta de 15 graus, a cabeça gerada começa a diminuir. A 15 graus de ângulo de língua, o fluxo inverso é mínimo e a formação de vórtices ao longo da pá também é mínima neste caso.

Variação da eficiência com o ângulo da língua

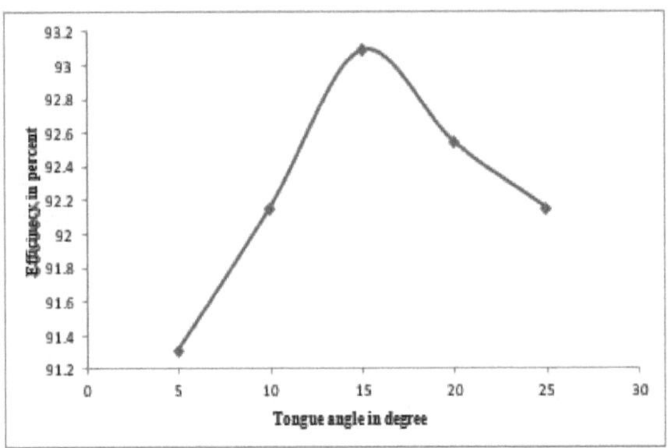

Figura 6. 17 Variação da eficiência com o ângulo da língua

A partir da figura 6.17, verifica-se que a eficiência da bomba centrífuga aumenta com o aumento do ângulo da lingueta da voluta, mas, a partir de um determinado ângulo, a curva começa a descer. Assim, após um ângulo de 15 graus, a eficiência diminui com o aumento do ângulo da lingueta. A eficiência é máxima e formam-se menos vórtices nas pás do impulsor a 15 graus. Uma vez que a eficiência da bomba também depende do número de pás, mas também é afetada pelo ângulo da lingueta da voluta.

Variação do binário de entrada com o ângulo da lingueta

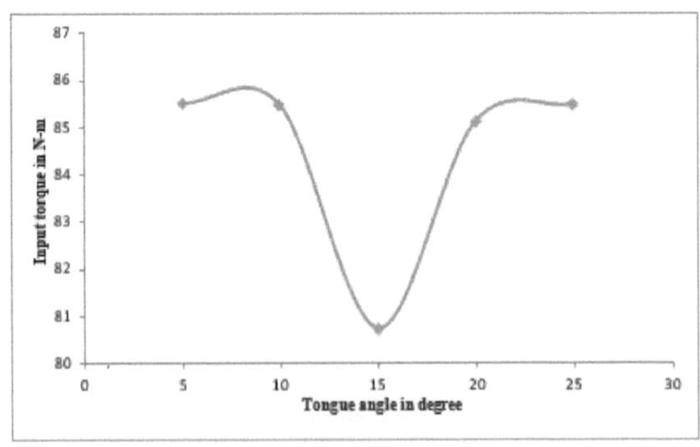

Figura 6. 18 Variação do binário de entrada com o ângulo da língua

A partir da figura 6.18, o valor do binário de entrada para a bomba centrífuga diminui com o aumento do ângulo da lingueta da voluta, mas o binário de entrada é mínimo a 15 graus. Quando aumentamos o valor do ângulo da lingueta acima de 15 graus, o valor do binário de entrada volta a aumentar. Uma vez que a potência de entrada é o produto do binário de entrada e da velocidade de rotação, aqui a velocidade de rotação é de 2900 rpm, que é constante para todas as cinco geometrias. Assim, a potência de entrada é mínima para um ângulo de 15 graus da lingueta.

Distribuição da pressão e da velocidade ao longo da pá do impulsor

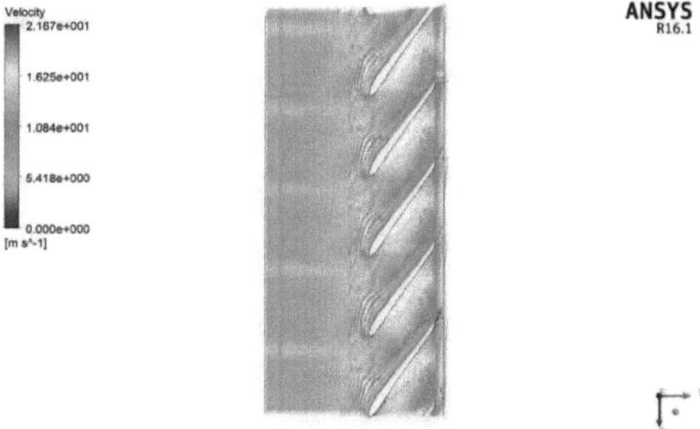

Figura 6. 19 Vista de lâmina a lâmina com distribuição da velocidade para um ângulo de 5 graus da língua

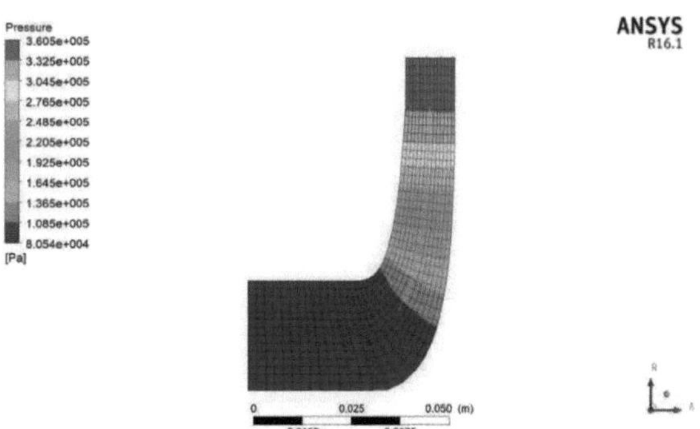

Figura 6. 20 Vista meridional da pá com distribuição da pressão para um ângulo de 5 graus da lingueta

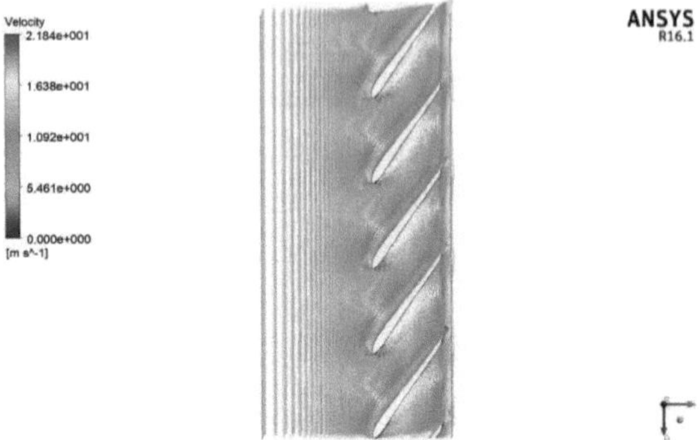

Figura 6. 21 Vista de lâmina a lâmina com distribuição da velocidade para um ângulo de 10 graus da língua

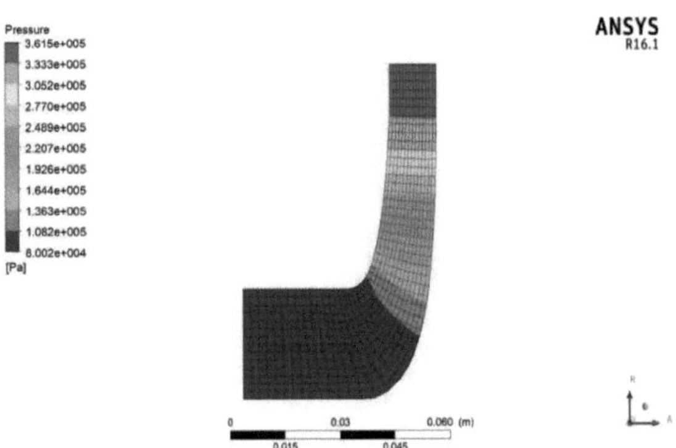

Figura 6. 22 Vista meridional da pá com distribuição da pressão para um ângulo de 10 graus da lingueta

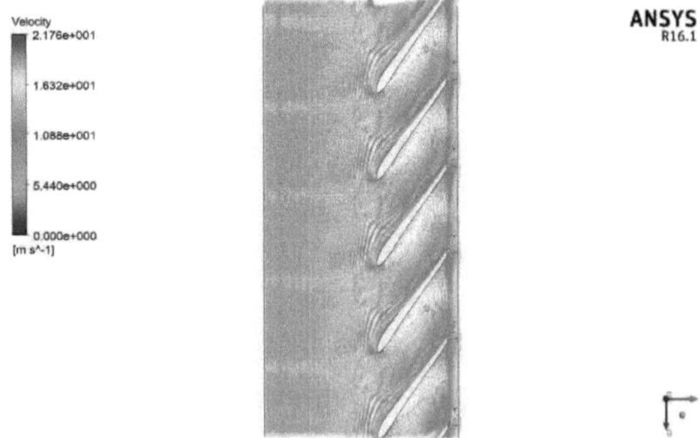

Figura 6. 23 Vista de lâmina a lâmina com distribuição da velocidade para um ângulo de 15 graus da língua

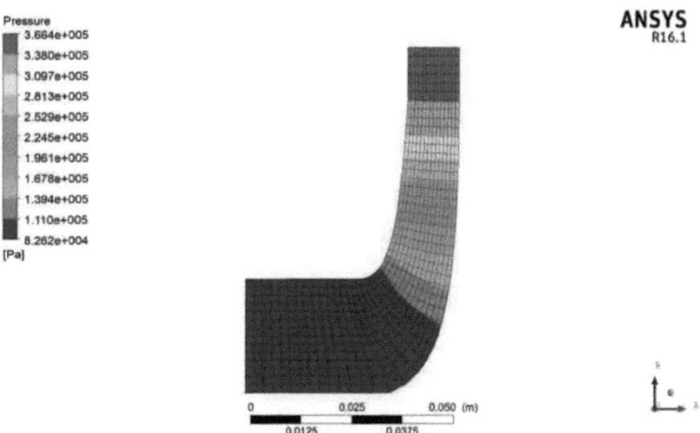

Figura 6. 24 Vista meridional da pá com distribuição da pressão para um ângulo de 15 graus da lingueta

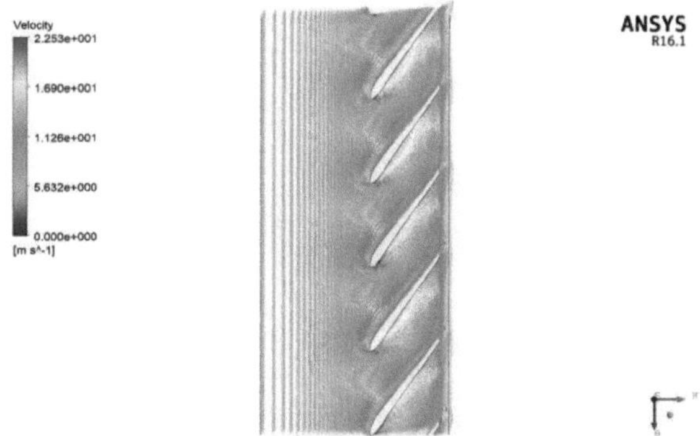

Figura 6. 25 Vista de lâmina a lâmina com distribuição da velocidade para um ângulo de 20 graus da língua

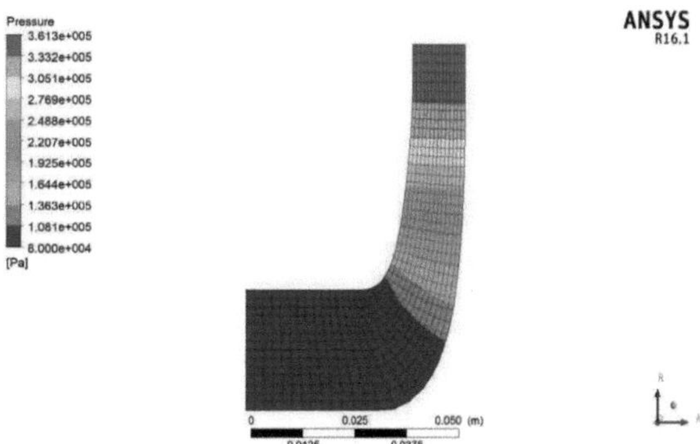

Figura 6. 26 Vista meridional da pá com distribuição da pressão para um ângulo de 20 graus da lingueta

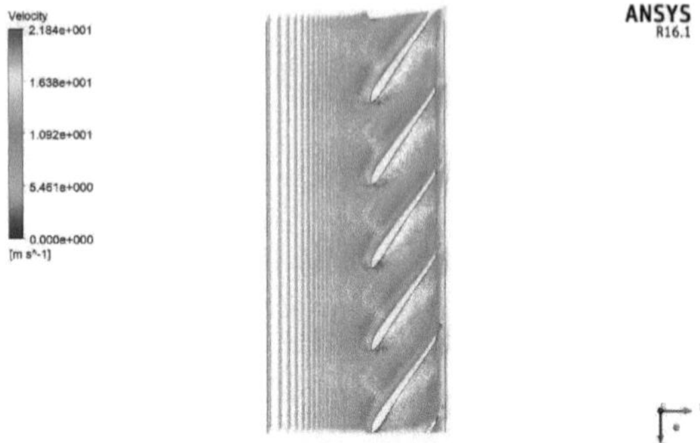

Figura 6. 27 Vista de lâmina a lâmina com distribuição da velocidade para um ângulo de 25 graus da língua

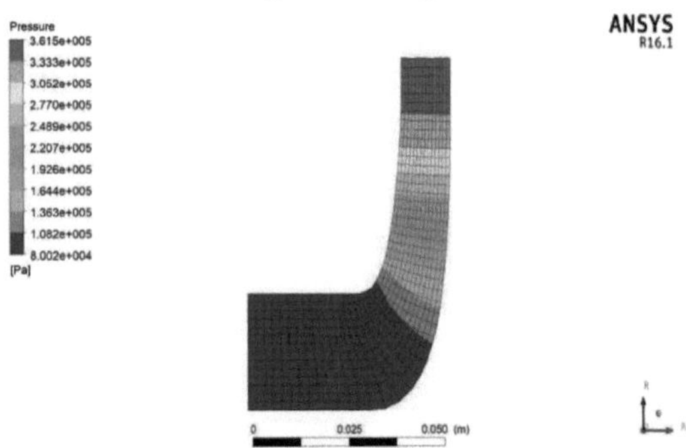

Figura 6. 28 Vista meridional da pá com distribuição da pressão para um ângulo de 20 graus da lingueta

A partir da distribuição da velocidade e da pressão ao longo da pá em todas as geometrias, é evidente que o valor da pressão no bordo de fuga é máximo para o caso do ângulo da lingueta da voluta de 15 graus. Na figura 6.25, para o caso do ângulo de 20 graus da lingueta da voluta, mais uma vez o valor da velocidade está a aumentar, enquanto a pressão no bordo de fuga está a diminuir.

Gráfico de carga da lâmina

Carga da pá para as diferentes geometrias em que, em cada bomba, o valor do ângulo da lingueta é diferente, apresentado como

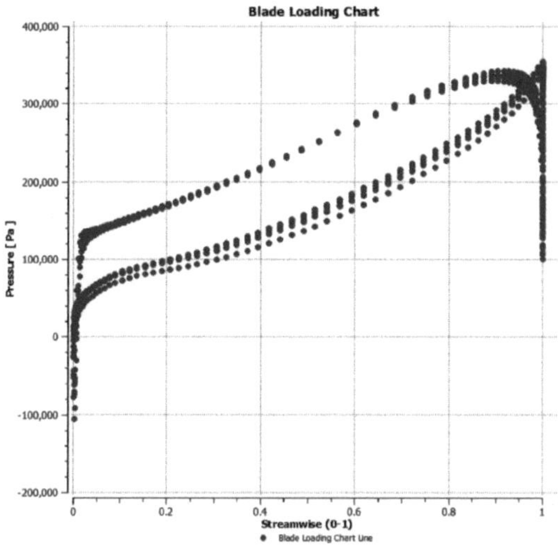

Figura 6. 29 Gráfico de carga da lâmina para a bomba com um ângulo de 5 graus da lingueta da voluta

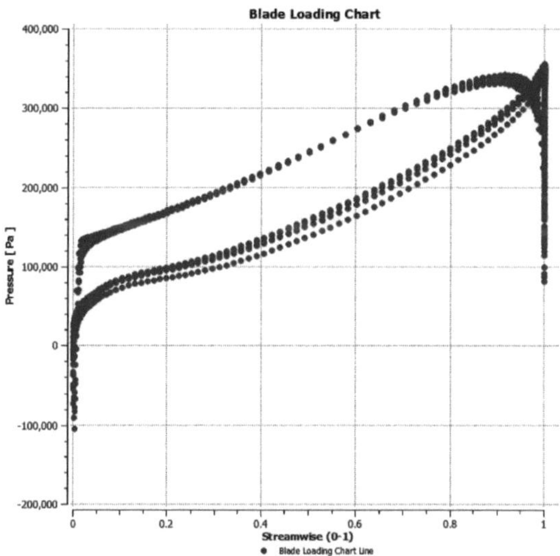

Figura 6. 30 Gráfico de carga da lâmina para uma bomba com um ângulo de língua da voluta de 10 graus

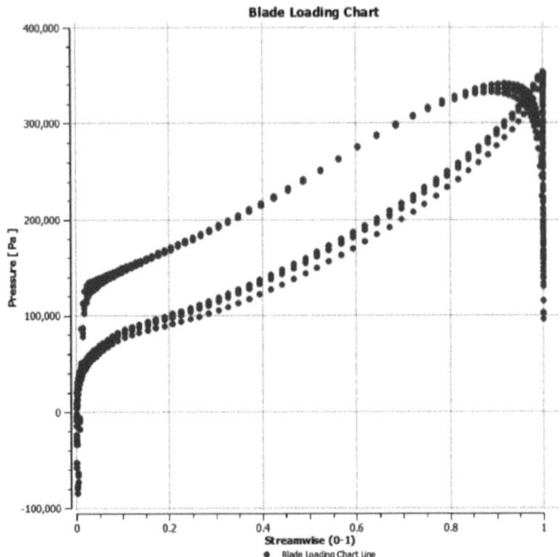

Figura 6. 31Gráfico de carga das pás para uma bomba com um ângulo de 15 graus da lingueta da voluta

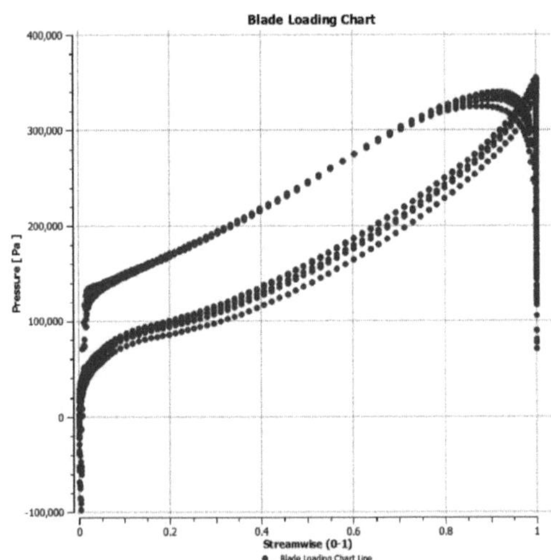

Figura 6. 32 Gráfico de carga da lâmina para a bomba com um ângulo de 20 graus da lingueta da voluta

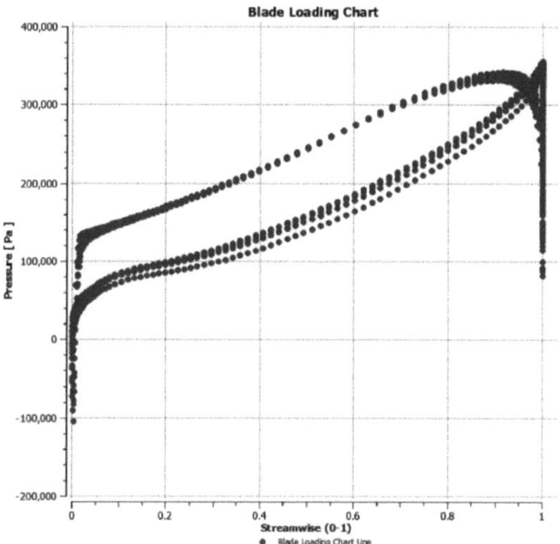

Figura 6. 33 Diagrama de carga da pá para uma bomba com um ângulo de 25 graus da lingueta da voluta

Das figuras 6.29 a 6.33, vê-se que a carga da pá é quase uniforme ao longo do comprimento da pá, exceto no bordo de ataque e no bordo de fuga. A carga da lâmina é mínima e uniforme para o ângulo de 15 graus. A carga da lâmina é muito elevada para o ângulo de ataque de 25 graus. Assim, para uma bomba de 2900 rpm ou de velocidade específica elevada, o ângulo da lingueta da voluta (15 graus) é ótimo.

CAPÍTULO- 7
CONCLUSÃO

Os valores calculados e os gráficos dos diferentes parâmetros permitem tirar as seguintes conclusões.

- ▶ A cabeça do impulsor desenvolvida pela bomba aumenta à medida que o valor do ângulo da lingueta da voluta aumenta de 5 para 15 graus, mas depois de 15 graus, quando o ângulo da lingueta da voluta aumenta, a cabeça do impulsor diminui novamente, razão pela qual a melhor condição de funcionamento é o ângulo da lingueta da voluta de 10-15 graus.
- ▶ A eficiência máxima é de 93,6139 % com um ângulo de 15 graus e uma velocidade de 2900 rpm. Todas estas cinco bombas são bombas de velocidade específica elevada e a velocidade é muito elevada, uma vez que a eficiência também depende da velocidade, razão pela qual o valor da eficiência é muito elevado em comparação com as bombas de velocidade específica baixa.
- ▶ A potência de entrada $P = T^{*}\omega$ é mínima para o ângulo de 15 graus da lingueta da voluta e o binário de entrada é de 80,7172 N-m, o que é inferior ao valor de outro binário de entrada em diferentes ângulos da lingueta.
- ▶ A carga da lâmina é mais uniforme num ângulo de 15 graus da língua.
- ▶ Da vista de lâmina a lâmina, verifica-se que os vórtices formados na saída da lâmina ou no bordo de fuga são mínimos para um ângulo de 15 graus da língua, razão pela qual o vetor de velocidade é mínimo ou a pressão no bordo de fuga é máxima.
- ▶ Do ponto de vista meridional, mais uma vez o valor da pressão gerada à saída da pá é elevado apenas para o ângulo de 15 graus da lingueta.
- ▶ Por conseguinte, a gama óptima do ângulo da lingueta da voluta para a bomba de alta velocidade é de 10-15 graus. O parâmetro de desempenho é satisfatório dentro desta gama, porque se aumentarmos mais do que esta gama, o valor do parâmetro de desempenho começa a degradar-se.

REFERÊNCIAS

1. Zhenmu Chen, Van Thanh Tien Nguyen e Ngoc Thoai Tran. (2017), "Optimunm design of the volute tongue shape of a low specific speed centrifugal pump", J Electron Syst 6:226, Issue June 09,2017.

2. Raghavendra S Muttalli et al. (2014), "CFD Simulation of Centrifugal Pump Impeller Using ANSYS-CFX", ISSN: 2319-8753 Vol. 3, Issue August 08,2014.

3. Shradul Sunil Kulkarni,(2014) Parametric Study of Centrifugal Pump and its performance Analysis using CFD, ISSN 2250-2459, ISO 9001:2008 Certified Journal, Volume 4

4. Sujoy Chakraborty, Kishan Choudhuri, Prasenjit Dutta, Bishop Debbarma (2013), "Performance Prediction of Centrifugal with Variation of Number of Blades", Journal of scientific and industrial research, junho de 2013, Vol.72, pp.373-378.

5. S.Rajendran e Dr.k.Purushothaman(2012), "Analysis of a Centrifugal Pump impeller using ANSYS-CFX", International Journal of Engineering Research & Technology, Vol.1, Issue3, 2012.

6. Sunsheng Yang, Fanyu Kong e Bin Chen (2011), "Research on Pump Volute Design Method Using CFD", Hindawi publication Corporation International Journal of Rotating Machinary (2011) , Artigo ID 137860.

7. Lamloumi Hedi, Kanfoudi Hatem, Zgolli Ridha (2010), " Numerical simulation in a Centrifugal Pump", Congresso Internacional de Energias Renováveis, novembro de 2010.

8. Liu Houlin, Wang Young, Yuan Shouqi, Tan Minggao e Wang Kai (2010), "Effect of Blade Number on Characteristics of Centrifugal Pumps", Chinese Journal of Mechanical Engineering, 2010, Vol.23.

9. E.C. Bacharoudis, A.E. Filious, M.D. Mentzos e D.P. Margaris (2008), "Parametric Study of a Centrifugal Pump Impeller by Varying the outlet Blade angle", The open Mechanical Engineering Journal, 2008, Vol.2.

10. Lal Jagdish, (2009),Hydraulic Machines", Metropolitan Book Company Private L.T.D, DELHI.

11. www.nptel.ac.in

yes

I want morebooks!

Buy your books fast and straightforward online - at one of world's fastest growing online book stores! Environmentally sound due to Print-on-Demand technologies.

Buy your books online at
www.morebooks.shop

Compre os seus livros mais rápido e diretamente na internet, em uma das livrarias on-line com o maior crescimento no mundo! Produção que protege o meio ambiente através das tecnologias de impressão sob demanda.

Compre os seus livros on-line em
www.morebooks.shop

info@omniscriptum.com
www.omniscriptum.com

Printed by Books on Demand GmbH, Norderstedt / Germany